AF588976

L'ART DU CULTIVATEUR ET DU FABRICANT DE TABACS.

De l'Imprimerie de S.-A. HUGELET, rue des Fossés-St-Jacques, N° 31.

L'ART
DU CULTIVATEUR
ET DU
FABRICANT DE TABACS,

Par M. B. DE ST-MARTIN,

ANCIEN MANUFACTURIER;

ENSUITE DES DESIRS DU GOUVERNEMENT.

CONTENANT:

L'Origine et la Culture du Tabac ; la Connaissance des divers Tabacs, les différentes manières de le composer, soit pour la carotte, la poudre et la pipe, au goût des différens pays ;

Les moyens de tirer un parti avantageux des Caboches et Côtes de Hollande et de Virginie.

Seconde Edition, revue et augmentée.

A PARIS,

Chez PICHARD, Libraire, quai Voltaire, n° 21;
Ou chez l'AUTEUR, vieille rue du Temple, n° 44.

1807.

Extrait de la Loi du 19 Juillet 1793.

ARTICLE PREMIER. Les auteurs d'écrits en tous genres, &c., jouiront, durant leur vie entière, du droit exclusif de vendre, distribuer leurs ouvrages, et d'en céder leur propriété en tout ou en partie.

ART. II. Leurs héritiers ou cessionnaires jouiront du même droit durant l'espace de dix ans après la mort des auteurs.

ART. III. Les officiers de paix, juges de paix, commissaires de police, seront tenus de faire confisquer, à la réquisition et au profit des auteurs, compositeurs, peintres ou dessinateurs et autres, leurs héritiers ou cessionnaires, tous les exemplaires des éditions imprimées ou gravées, sans la permission formelle et par ecrit des auteurs.

ART. IV. Tout contrefacteur sera tenu de payer, au véritable propriétaire, une somme équivalente au prix de trois mille exemplaires de l'édition originale.

ART. V. Tout débitant d'édition contrefaite, s'il n'est pas reconnu contrefacteur, sera tenu de payer au véritable propriétaire, une somme équivalente au prix de cinq cens exemplaires de l'édition originale.

Conformément à cette loi, je déclare que je poursuivrai devant les Tribunaux, les contrefacteurs et distributeurs d'exemplaires contrefaits, non signés de moi ou ayant droit.

J'ai déposé à la Bibliothèque.

AVERTISSEMENT.

Lorsqu'un objet est devenu de première nécessité par l'habitude que l'on en a contractée, c'est un service à rendre à la société que de lui indiquer la méthode d'en tirer le parti possible, lorsque des circonstances pénibles l'ont fait renchérir.

Les droits que l'on a mis sur le Tabac, ne permettent plus au Fabricant d'en sacrifier certaines parties pour chercher à améliorer sa méthode. Pour éviter de payer les droits sur les caboches, dont plusieurs ne savent tirer parti, on les coupe, avant de faire entrer les Tabacs en entrepôt; mais il reste les côtes qui règnent le long des feuilles, et que l'on ne fait pas entrer dans les carottes, ce qui occasionne un déchet que l'on fait supporter à l'acquéreur. Si j'indique la manière d'en tirer parti, j'aurai mis le Fabricant en état de laisser son Tabac à meilleur compte : en lui faisant part de mes essais, de mon expérience, je lui éviterai des peines, des incertitudes et des frais ; voilà le but que je me suis proposé en faisant cet Ouvrage.

Les Fabricans, pour la plupart, manquent de théorie ; ils la trouveront ici : en y joignant la pratique, ils travailleront avec succès, soit en adoptant ma méthode, soit en améliorant la leur, et j'espère qu'ils me sauront gré de mon travail.

Le propriétaire y trouvera moyen de tirer un nouveau rapport de son sol, d'autant plus avantageux que les circonstances ont fait augmenter le prix des Tabacs.

INTRODUCTION.

Le grand Art du Fabricant de Tabacs est de connaître le Tabac, et d'en savoir distinguer les différentes espèces ; de savoir faire les mélanges nécessaires pour faire de la bonne marchandise qui puisse convenir au goût de plusieurs pays ; car ils sont bien différents.

Les uns usent du Tabac commun dont ils se contentent, pourvu qu'il ait de la force et du montant.

D'autres cherchent le bon Tabac ; mais les uns le veulent gros, ceux-ci le veulent d'un grain moyen, et enfin ceux-là le desirent fin : ici on le veut doux ; et là, c'est de la force qu'on exige.

Il faut encore faire attention à la couleur et au goût ; on le veut ici très-noir et d'un goût naturel ; dans ce pays, c'est le jaune avec un goût odoriférant que l'on souhaite; dans celui-là, on aime la couleur café.

Nous allons nous occuper d'instruire le Lecteur des moyens de faire des Tabacs convenables aux divers pays.

Il est très-difficile de bien faire le Tabac. Ce que je viens de dire ne suffit pas encore pour y parvenir; il faut apprendre les moyens de le mûrir et de le conserver; c'est ce que l'on fait par la fermentation bien suivie et l'apprêt.

L'ART DU CULTIVATEUR ET DU FABRICANT DE TABACS.

Origine et Culture du Tabac.

Le Tabac est originaire de Perse et d'Amérique : dans cette dernière, il porte le nom de Pétun, surtout au Brésil et dans la Floride.

Les Espagnols, qui connurent cette plante à tabago, sur le golfe du Mexique, lui donnèrent le nom de Tabac du lieu où ils l'avaient trouvé, et le nom a prévalu sur tous les autres; mais il y avait long-temps que l'on cultivait cette plante en Perse.

Ce fut M. Nicot, Ambassadeur de France en Portugal, en 1560, qui, à son retour, en apporta à la Reine Catherine de Médicis ; ce qui la fit nommer en France, Nicotiane, ou Herbe à la Reine. Elle s'introduisit ensuite dans toute l'Europe.

François Drach, fameux Capitaine anglais, qui conquit la Virginie, en enrichit son pays.

Le Tabac n'était autrefois qu'une simple production sauvage d'un petit canton de l'Amérique ; mais depuis que les Européens ont contracté l'habitude d'en prendre, l'on a prodigieusement étendu sa culture.

Les lieux les plus renommés où cette plante croît, sont la Perse, Vérine, le Brésil, Bornéo, la Virginie, le Mexique, le Mariland, la Louisiane, l'Italie, l'Espague, la Hollande.

D'après les différents essais que j'ai faits et fait faire, le Tabac doit se semer sur une couche de fumier consommé, ou faite avec du fumier de vache avec de la graine d'un an ou deux ans au plus. Une once suffit pour planter un arpent de terre de 900 toises carrées, ce qui exige une couche de 24 pieds de long sur quatre de large. Le sémis doit se faire à la mi-mars, et être couvert d'un paillis léger, pour empêcher les arrosemens de battre la terre. Je devrais plutôt dire la plantation que le sémis, parce que les graines de Tabacs doivent se mettre au nombre de cinq à six dans un trou de la longueur du doigt: ces trous doivent être distants de trois à quatre pouces les uns des autres.

Il faut couvrir la couche avec des paillassons pour la garantir des gelées, lui donner de l'air dans le beau temps, et l'arroser pendant la sécheresse, lorsque le plant est levé. Après les gelées, on le transplante dans un terrain préparé convenablement, lorsqu'il a deux pouces hors de terre et cinq à six feuilles; mais il faut que ce soit par un temps humide, ou bien arroser le plant, afin d'avoir plus de facilité de le lever en mottes.

Il faut, pour une plantation de Tabacs, faire choix d'une terre grasse et humide, exposée au midi, et de préférence d'une terre neuve, ou d'une terre brûlée soit par une charbonnière, soit par de la paille de sarasin, réduite en cendre pour faire de la potasse. On doit engraisser, avant l'hiver, le terrain, dont on a fait choix avec du fumier de vache, après lui avoir donné un premier labour. Au mois de Mars, on le laboure et prépare. Lorsque les gelées sont passées, on doit le herser, et répandre dessus des cendres, en unissant le sol le plus également possible. Il faut entourer le terrain, autant que possible, d'un fossé, pour y conduire de l'eau, et entretenir la fraîcheur dans la plantation.

On tire de sa pépinière les plants assez forts, et l'on doit les planter dans le terrain à la distance de deux pieds l'un de l'autre. Il faut avoir soin de les sarcler souvent pour en extirper les mauvaises herbes.

Lorsque le plant est parvenu à la hauteur d'un pied, on doit le sarcler profondément, et semer, dans les intervalles, des navets et des carottes dont les feuilles entretiennent la fraîcheur dans la plantation.

Lorsque les tiges de tabac sont hautes d'environ trois pieds, on doit couper le sommet avant la floraison, afin qu'elles se fortifient; et l'on arrache celles qui sont piquées des vers, ou qui veulent pourrir.

Il faut pincer le nœud qui est le principe de la floraison, autant de fois qu'il en pousse, excepté aux tiges que l'on réserve pour la graine.

Par cet étêtement, on concentre la sève dans les feuilles qui sont l'objet principal de la culture.

On ne doit pas étêter les pieds réservés pour la semence; au contraire, on doit les dégarnir de feuilles, pour le même motif que je viens d'exposer. On choisit les plants les plus vigoureux; mais un seul suffit pour ensemencer un terrain de 900 toises carrées. On n'arrache ces tiges que quand les capsules qui renferment les graines sont noires. On les suspend dans un hangar jusqu'au moment de semer, parce que la graine se conserve mieux dans la capsule.

On connait que les feuilles sont mûres, quand elles se détachent facilement de la plante, qu'elles se cassent, et que, froissées entre les mains, elles exhalent déjà une odeur pénétrante. On doit alors cueillir les plus belles, les enfiler par la tête avec une ficelle, les unes après les autres, et les mettre sécher sous un hangar sur des perches, en les éloignant l'une de l'autre.

Lorsque le temps est nébuleux, il faut faire du feu sous le hangar destiné à la dessication des feuilles, pour les empêcher de pourrir.

On connait que les feuilles sont en parfaite dessication, quand; pressées dans la main, elles reprennent leur volume sans se casser.

On les descend ensuite; on les entasse les unes sur les autres, en en formant une espèce de carré, ou mieux sur des lignes parallèles éloignées de trois pieds l'une de l'autre, afin que la vapeur des feuilles qui se ressuient, puisse s'échapper.

Manière de conserver les feuilles de Tabacs.

Lorsque l'on récolte une grande quantité de Tabacs, et que l'on prévoit ne pas les vendre assez tôt, il ſaut chercher la manière de les conserver ; la voici :

Quand les feuilles sont en parfaite dessication et bien ressuyées, on les imbibe, et les entasse dans une chambre chaude pour les faire suer : on les retourne de temps à autre jusqu'à ce que l'eau en est entièrement sortie.

Le sirop dans lequel on doit les imbiber, se fait en mettant, dans douze livres d'eau, une livre de mélasse que l'on fait bouillir pendant une heure : cette quantité suffit pour humecter un quintal. On retire du feu le sirop, et l'on y jete une livre de potasse, préférablement de cendre de sarasin, avec une livre de sel ordinaire, pour faire fondre ensemble.

Pour faire la potasse avec la paille de bled dit sarasin, il faut l'entasser dans un champ, lorsqu'elle est encore fraîche, et l'on y met le feu. Lorsqu'elle est consumée, on bat la cendre avec des perches, en la retournant, et elle prend la consistance de potasse : c'est la plus alkaline.

Les Tabacs que l'on emploie le plus en France, sont ceux d'Alsace, de Flandre et de Hollande.

Tabac d'Alsace.

Le tabac d'Alsace a un goût particulier, un peu vineux; il a les côtes grosses comme le chanvre mâle; la feuille en est très-large, d'une couleur noire sale et obscure, épaisse et rude. Elle a d'ordinaire 12 pouces de long.

Celui de la seconde récolte est ordinairement maigre, et d'une couleur moins noire, sans beaucoup d'odeur. Il est dangereux de l'employer, et n'est bon que pour le tabac à fumer.

Le tabac d'Alsace étant difficile à conserver, il faut faire attention, lorsqu'on le reçoit, s'il n'est pas gâté ou moisi : ce serait alors un tabac à brûler.

On le reçoit ordinairement lié en paquets avec des feuilles et dans des bâches.

A la réception, il faut avoir soin de le placer dans un lieu sec et aéré où on l'étend, parce que si on l'entassait, il s'échaufferait. Il faut l'écôter avant de s'enservir.

Lorsque le tabac est réduit en poudre, il est d'un blond tendre comme de la poussière.

Tabac de Flandre.

Le tabac de Flandre, qui est préférable à celui de Strasbourg, a d'ailleurs un goût plus agréable. Il se conserve mieux; mais il demande encore bien des soins.

Les feuilles de la première récolte sont larges, longues d'un pied et demi, et d'une couleur mordorée.

Celles de la seconde sont jaunes, maigres et de peu de valeur. Elles sont la plupart très-petites, et ne peuvent servir que pour fumer; ce sont les savonettes.

Les Flamands enfilent toutes leurs feuilles, les unes après les autres, avec une ficelle qu'ils font passer dans un trou fait à la tête de la feuille. Ils ne défont pas les ficelles pour les sécher; d'après cela, il est facile de ne pas s'y tromper.

La poudre est blonde; elle n'est pas luisante.

Ce tabac exige les mêmes soins et les mêmes précautions que celui d'Alsace.

Il faut en faire sa provision en été, parce que le tabac, étant sec, pèse moins, et n'est pas si susceptible de se gâter.

Tabac de Hollande.

Le tabac de Hollande est meilleur que les deux précédens ; il est d'une plus forte consistance, les feuilles sont mieux nourries, plus longues, plus larges, les côtes sont plus petites, et conséquemment il y a moins de déchet, et moins de risque.

Les feuilles sont d'une belle couleur mordorée, veinées, et d'un goût agréable : elles sont douces au toucher.

Les Hollandais fendent toutes leurs feuilles, après la récolte, pour les placer sur des cordes, afin de les sécher ; ainsi le tabac de Hollande se reconnaît facilement : le meilleur est celui d'Amersfort.

En général, lorsqu'on ne peut aller soi-même choisir les tabacs dont on a besoin, il vaut mieux s'adresser à un courtier pour cette partie, qu'au vendeur même, parce que le courtier, pour avoir sa commission, et mériter la confiance, craindra de tromper.

Tabacs Etrangers.

Celui de Perse, qui nous vient par la Turquie, est le meilleur. Les feuilles sont en bottes, sans aucune préparation. Les Persans le vendent sans le faire suer.

Tabac d'Espagne.

Le tabac d'Espagne ou de Séville, que l'on tire de Marseille ou de Barcelone, est un tabac jaune-verd, d'une très-agréable odeur, visqueux et doux au toucher.

Tabac des Iles.

Le tabac du Brésil a les feuilles amples, sans queue, velues, nerveuses, de couleur vert-pâle, un peu jaunâtres, glutineuses au toucher ; elles teignent la salive.

Le tabac est une plante annuelle ; mais au Brésil, elle dure 12 ans et fleurit toute l'année.

Le tabac du Brésil en cordes se vend à la livre, à Amsterdam ou à Anvers. On accorde six livres de tare par suron, deux pour cent pour le bon poids, et un pour cent pour le prompt paiement.

Le tabac du Mexique a les feuilles oblongues, grasses, de couleur verte-brunâtres, et attachées à des queues courtes.

Le tabac de Vérine, en corde ou en rouleau, se vend à la livre ; la tare est d'une livre par rouleau, deux pour cent pour le bon poids, et un pour cent pour le prompt paiement. On s'en procure par Anvers.

Tabac de Virginie.

Le tabac de Virginie ou le Pétun des Amazones, est le tabac le meilleur pour la poudre noire, et dont on se sert le plus généralement en France.

Ses feuilles sont plus étroites que celles des autres, plus pointues, et attachées à leurs tiges par des queues assez longues, qu'on nomme têtes ou caboches.

Elles sont épaisses, charnues, fortes, visqueuses et douces au toucher; leur largeur n'est que de huit pouces; la longueur va jusqu'à vingt-six pouces; c'est ce peu de largeur sur tant de longueur, qui a fait donner le nom de tabac à langue à cette espèce.

Les Colons le font suer après la récolte, et l'entassent dans des boucauds ou gros tonneaux; et, l'y pressant, en font comme une meule, pesant au moins un mille, poids de marc, chacune. Ils sont tous troués pour donner de l'air au tabac.

Le boucaud qui n'est pas ainsi, est un boucaud refait, c'est-à-dire, que le vendeur a pris les bonnes feuilles, et a réformé le boucaud avec des feuilles maigres et médiocres: il faut donc toujours défaire le boucaud, avant de le recevoir, afin de voir s'il ne renferme pas du tabac avarié, et si le milieu est de la même qualité que le dessus.

Une belle feuille de Virginie étant ouverte, doit avoir quinze pouces de long et sept de large : elle doit être grasse, brune, veinée, luisante, et d'un haut goût.

Celle d'une couleur mordorée, luisante, grasse, est la seconde qualité; elle a ordinairement un goût vineux ou d'anis étoilé.

La troisième qualité est jaune, maigre, et ne peut servir que pour le tabac à fumer, ou à faire du tabac jaune, auquel cependant on peut donner une couleur brune.

Le tabac de Virginie se vend par boucauds ou futailles; on déduit la tare de la futaille, et l'on donne huit pour cent pour les côtes, un pour cent pour bon poids, et autant pour le prompt paiement.

Il faut encore bien savoir distinguer si le tabac est vieux ou nouveau; cela se sent au goût qui n'est pas formé.

Le tabac vieux se connaît par les petites taches blanches qui s'y forment de vétusté. Il a un goût fait; tandis que le nouveau ne sent que le verd. Le haut goût est toujours vieux, parce qu'il ne s'acquiert qu'en vieillissant.

Lorsqu'on a reçu du tabac de Virginie, il faut avoir soin de défoncer les boucauds, et de défaire les meules, dans la crainte qu'il ne s'échauffe ou ne se gâte. On peut cependant le garder en boucaud, mais dans un endroit frais et non humide.

Plusieurs fabricans qui ne font pas de tabacs en carottes, emploient le Virginie sans l'écôter; mais il faut toujours au moins couper les caboches, pour faire le tabac de première qualité, afin qu'on n'y voye pas de pailles; les tabacs indigènes avec lesquels on le mélange, en produisant déjà trop : on ne les jete pas pour cela; on les moud, pour les employer dans les tabacs de dernière qualité.

Pour faire le tabac en carottes, il faut écôter le tabac de Virginie; plusieurs cependant ne coupent que les caboches; mais les carottes ne sont pas si appréciées.

Mélange.

Le fabricant de tabacs doit savoir bien mélanger ses feuilles, afin d'avoir toujours un tabac pareil; car il se discrédite, lorsque le goût de son tabac varie, auprès de ceux qu'il y a accoutumés.

Lorsque son tabac sera de première qualité, il pourra faire les mélanges que je vais lui indiquer; mais si son Virginie n'est pas de première qualité, il devra en mettre davantage : ce sera de même, si ses qualités mêlées sont médiocres.

Moitié Virginie haut goût, un quart Amersfort, un quart Alsace ou Flandre, selon le pays ; ce mélange ferait un tabac délicieux qui, s'il était bien préparé et vieux, serait bon à mettre en bouteilles.

Un tabac composé de moitié Virginie haut goût, moitié Flandre, supérieur, doit faire un tabac première qualité, s'il est bien fait.

Si le tabac Virginie n'est que de seconde qualité, il faudra, pour une qualité première faire le mélange ;

Moitié Virginie, un quart Hollande, et un quart Flandre.

Ce tabac bien fait, sera bon à mettre en boites de plomb ; car vous ferez un bon tabac, vente ordinaire, avec moitié feuilles Virginie, deuxième qualité, et moitié Flandre, première qualité. Dans certains pays, comme dans les départements du Mont-Tonnère, de la Sarre, des Haut et Bas-Rhin, la Mozelle, la Meurthe, les Vosges, la Haute-Marne, la Meuse, les Forêts, les Ardennes, la Côte-d'Or et la Suisse, on préfère les feuilles d'Alsace à celles de Flandre ; cependant si le tabac Virginie a le goût vineux, il ne faudra pas employer l'Alsace qui l'a déja, le tabac n'aurait pas un bon goût.

Un tabac fait avec le mélange que je viens d'indiquer, passera partout, s'il est bien fabriqué, pour première qualité marchande. Il n'y aura que le goût en vogue dans le pays où l'on desire vendre, qu'il faudra lui donner.

C'est moins par la diversité des feuilles que par la préparation qu'on leur fait subir, que l'on parvient à faire cette diversité de tabacs connus sous les noms de la Ferme, du Hàvre, &c.

Il n'y a que le tabac de Séville et de la Havane qui n'exige aucune odeur dans le sirop.

Tel fera du tabac passable ave des feuilles Virginie, bonne qualité, et de bonnes feuilles de Flandre, à égale quantité; tandis que celui qui emploiera des feuilles de Virginie, haut goût, et qui les mélangera seulement d'un quart Amersfort, ne fera pas un tabac aussi bon, s'il ne sait pas le fabriquer: il sera même détestable.

Savoir bien faire ses mélanges, savoir bien préparer, humecter, faire fermenter et apprêter le tabac, voilà le grand art du fabricant.

Un tabac sera bientôt vieux, lorsque ces choses auront été bien observées, tandis que celui qui ne saura pas bien faire fermenter ses feuilles, aura toujours un tabac verd, et un tabac qui se gâtera.

Celui qui veut faire fabriquer du tabac, doit surtout savoir connaître le vrai degré de fermentation qu'il exige. C'est par la pratique que cela s'apprend, il faut suivre cette fermentation et en juger soi-même. On ne peut s'en rapporter à un ouvrier, à moins qu'il ne soit bien instruit; encore cela est-il dangereux.

Il y a des fabricans qui ne font que du tabac en poudre; ils le vendent dans le pays où l'on n'est pas en usage d'acheter du tabac en billes. En général, depuis deux ans, on vend plus de tabacs en poudre qu'en billes, parce que le marchand éprouve moins de déchet, est moins susceptible d'être trompé, et n'a pas le mal de faire moudre les carottes. On a été dégoûté des tabacs en billes, parce que les fabricans les vendaient toujours, avant qu'elles ne soient vieilles, et le marchand qui avait une carotte humide, était forcé de la laisser sécher un an, avant de l'employer.

La fabrication des carottes exige bien plus de fonds que celle du tabac en poudre, tant à cause des presses dispendieuses et des préparatifs nécessaires à la carotte, que parce qu'il faut la garder plus long-tempsdans son magasin, avant de pouvoir la vendre.

Les fabricans de tabacs qui n'ont pas beaucoup de fonds, ne doivent donc pas faire de tabacs en carottes ; mais en acheter seulement pour s'assortir, ayant soin de les demander vieilles, et en observant qu'on les laissera à la disposition du vendeur, si elles sont humides. Il faut avoir soin de constater la qualité des tabacs, soit en feuilles, soit en carottes, à leur arrivée. On examine la carotte ou la bille, en la coupant par le milieu, et en la pressant ensuite ; on la refuse, si le jus en sort.

Plusieurs fabricans de tabacs ne font leurs mélanges qu'après avoir réduit les feuilles en poudre, et qu'à fur-et-à-mesure des ventes : ce sont ceux qui sont bornés dans leurs moyens; car, comme ils ignorent la qualité qui leur sera demandée, ils ne se trouvent pas par cette réserve au dépourvu.

Cependant lorsque les feuilles sont mélangées, avant de les réduire en poudre, le tabac est meilleur; car, en le travaillant, les goûts se mêlent, et c'est d'ailleurs une économie : je vais le prouver.

Réduisez en poudre un tabac maigre, il y aura plus de poussière et d'évaporation ; si vous le mélangez avec un tabac gras, cette évaporation n'existera pas.

Une autre raison encore, c'est que si l'on fait travailler les feuilles séparément, les ouvriers prendront plutôt une livre de tabac de Virginie qu'une livre de tabac indigène ; et, en ne leur donnant que des feuilles mélangées, la livre de tabac qu'ils prendront peut-être, sera pour le fabricant une moindre perte.

C'est une bonne précaution que de faire enfermer les ouvriers dans leur laboratoire ; et de les faire fouiller, lorsqu'ils en sortent, par des personnes de confiance.

Le propiétaire d'nne manufacture doit toujours placer son bureau, de manière à voir tout ce qui entre et qui sort des magasins. Il est bon de faire moudre du tabac indigène et d'Amersfort à part, pour en ajouter dans ses tabacs de première et seconde qualité, au besoin.

Maintenant il faut que je dise comment on doit humecter le tabac.

Humectation.

Il est très-essentiel de connaître le vrai degré d'humectation qu'exigent les feuilles ; les grasses ne demandent pas à être humectées autant que les maigres.

Il vaut mieux que le tabac soit moins humecté que trop, parce qu'on peut suppléer au défaut, et qu'il n'est pas possible d'ôter le trop de sirop : il y a cependant moyen d'y remédier ; c'est celui d'ajouter plus de feuilles ou plus de tabac.

Pour humecter le tabac en feuilles, il faut choisir une chambre pavée, faire un plancher bien joint sur le pavé, et l'entourer d'un rebord un peu élevé, fait de manière que la sauce ne puisse couler. On y pratique deux couloirs, pour faire sortir la sauce à volonté dans un large bassin fait exprès. Le plancher est divisé en deux, parce que quand les feuilles ont resté un certain temps dans la première séparation, il faut les replacer dans la seconde, en mettant le dessus dessous, et les côtés dans le milieu, afin que toutes soient humectées et fermentent également : on rejette sur les feuilles la sauce qui a passé par les couloirs.

C'est le sirop dont on humecte les feuilles, et les ingrédiens que lon y met, qui font fermenter le tabac, le vieillissent, lui ôtent son âcreté, et lui donnent le goût que l'on désire : il faut donc savoir bien le composer.

Si l'on ne veut pas faire des tabacs en billes, il faut se garder d'humecter les feuilles : on doit les éplucher pour ôter celles qui sont gâtées, et lorsque l'on a fait couper les caboches ou têtes, les faire hacher et moudre. L'on doit croire qu'elles se réduiront bien plus facilement, avant d'être humectées quaprès.

Pour humecter le tabac réduit en poudre, il faut l'étendre sur une table, et y répandre le sirop le plus également possible. On doit faire ensuite bien écraser la poudre avec une planche de l'épaisseur du doigt, longue d'un pied, large de trois pouces, sur laquelle il y aura une poignée, pour pouvoir s'en servir avec les deux mains. Lorsque le tabac aura été bien écrasé à fur et à mesure, il faudra en prendre dans la main et l'y presser : si l'on remarque qu'il s'y pelote facilement, il sera assez humecté : dans le cas contraire, on doit l'arroser encore, et faire écraser de nouveau : cette opération réitérée ne lui fera que mieux prendre le sirop. Il faut le mettre ensuite dans un tamis attaché au plancher au-dessus d'une table à rebord, et faire tamiser. Après cette opération, on le jete, et on le foule dans la caisse où il devra fermenter ; puis on procède sur une seconde tablée.

Lorsque ce sont des feuilles que l'on humecte, on doit tâter si elles sont suffisamment imprégnées ; et, lorsqu'on s'apperçoit qu'elles ne peuvent plus recevoir de sirop, on les fait placer dans un local destiné pour la fermentation.

Il n'est pas inutile de dire que, comme certaines eaux sont plus propres que les autres à la fabrication des draps, quelques-unes sont encore plus propres que les autres à la fabrication du tabac : quelquefois elles obligent à d'autres combinaisons.

Préparation, sirop.

De tous les essais que j'ai fait faire, voici celui qui m'a le mieux réussi.

Je fis mélanger deux mille feuilles de Virginie avec mille livres indigènes : je les fis réduire en poudre ensuite.

Lorsque le travail fut fait, j'imaginai d'humecter la poudre avec un sirop qui puisse en corriger l'âcreté, lui donner de la douceur, une odeur agréable, et d'y mêler des sels propres à exciter la fermentation, pour lui faire passer le goût de verd et le vieillir.

Je pris six quintaux d'eau, je fis bouillir dedans, pendant deux heures (ce que j'aurais pu faire dans une chaudière d'eau) trente livres tamarin du Levant, quinze livres de sirop mélasse.

Une heure avant de le retirer du feu, je jetai dedans pour faire bouillir doucement

Deux livres bois de rose,
Une livre graine de paradis,
Une livre cubébe,
Et une livre d'anis étoilé.

Je fis passer ensuite le sirop dans un baquet avec un tamis en laiton : il avait l'odeur la plus agréable.

Pour exciter la fermentation, et forcer mon tabac à se dépouiller de son âcreté, je jetai dans cette sauce trente livres de sel ammoniac après l'avoir fait écraser et moudre.

Lorsque cette sauce fut douce, je fis étendre mon tabac sur une table, et j'en fis verser dessus. On l'écrasa, comme j'ai dit plus haut, et il fut tamisé ensuite : enfin, je le fis entasser dans la caisse où il devait fermenter; et je fis travailler les autres tablées de même. Quinze jours après, le tabac commença à suer; je fis essuyer le couvercle et les bords de la caisse, et huit jours après je le fis transvaser dans une caisse voisine : il embaumait la chambre.

Je fermai la caisse; mais au bout de quatre jours, ayant remarqué que la fermentation recommençait fort : je laissai le couvercle levé pour empêcher la sueur qui se serait mise après, de retomber sur le tabac. Je le laissai ainsi pendant quinze jours; après quoi je le fis transvaser encore : alors la fermentation diminua progressivement, et je le laissai dans cette dernière caisse jusqu'à ce qu'il fut un peu froid. Le tabac avait perdu son âcreté et son goût de verd; il était délicieux. Je le fis retirer de la caisse, et étendre sur un plancher bien propre et bien joint, où je le laissai reposer dix jours: après quoi je les fis apprêter. Il y avait alors deux mois et demi qu'on le soignait.

Deux quintaux furent étendus sur une table; dix livres de sel ordinaire bien écrasé, avec deux livres de sel de nitre furent tamisées dessus, et j'y répandis quelques gouttes par-ci par-là, d'essence de sel ammoniac. Il fut ensuite bien écrâsé, tamisé, et mis dans la caisse d'où il ne devait plus sortir que pour être vendu. Je l'y laissai un mois, sans y toucher, et j'en fis mettre en boîtes de plomb.

Ce tabac avait diminué de poids par l'écotage et le moulage; lorsqu'il fut fait, la caisse me rendit, au lieu de 3000 liv., 3830 l.

Un ouvrier seul me le hacha, tamisa et moulu dans quinze jours, avec la mécanique que j'ai inventée, et cette besogne me coûta 30 livres.

Le tabac non-seulement se conserva bien, mais il s'améliora d'une manière bien sensible.

Autre Essai.

Le premier nivôse an 12, je fis un autre essai : je mélangeai 1200 livres de Virginie avec autant d'Alsace non fermenté. Je composai mon sirop de 24 livres de tamarin du Levant 12 livres de sirop mélasse, une demi-livre d'anis étoilé, une demi-livre macaleb, et 24 livres de sel ammoniac.

J'avais auparavant fait passer au tabac d'Alsace son goût désagréable.

Mis dans la caisse, je le fis fermenter au bout de cinq jours, et dix jours après, je le fis transvaser. Je le laissai ensuite quinze jours, et je le fis transvaser de nouveau. Je le laissai dans cette caisse jusqu'à ce qu'il s'y refroidit totalement, et je le fis préparer.

La réputation et l'habitude souvent font le mérite du tabac, aussi entend-on vanter par-tout celui de la ferme.

J'ai voulu savoir comment il était fait, et j'en ai décomposé une livre que je m'étais procuré.

D'abord le mélange était bien fait, et je suis assuré qu'il n'y avait que du tabac de Virginie et de Hollande. Le sel ammoniac, le sel de tartre, le sel ordinaire, mis probablement dans l'apprêt avec du salpêtre, sont les sels que j'y ai distingués.

J'essayai de faire un tabac pareil; je réussis, en mettant, par quintal :

Une livre de sel ammoniac et autant de sel de tartre,

Une livre de tamarin du Levant et autant de mélasse,

Un huitième de storax en pain,

Pareille

Pareille quantité de canelle blanche, et autant de....

Je le fis fermenter à la manière précitée, et je l'apprêtai avec cinq livres de sel ordinaire, deux livres de salpêtre et une once d'alkali volatil, et je vous assure qu'il n'y avait pas grande différence; il eut été tout-à-fait semblable, si j'eusse fait fermenter au moins dix milliers à-la-fois.

Je connais les secrets des principales fabriques; mais je ne puis, ni je ne dois les divulguer.

Un chimiste qui aura quelques connaissances de la fabrication du tabac, devinera facilement, à peu de chose près, sa composition.

Je n'indiquerai pas la méthode que j'ai trouvée, après bien des épreuves, pour totalement ôter le goût aux tabacs indigènes, attendu qu'il n'y a qu'un chimiste qui puisse l'employer, et qu'elle demande des soins très-assidus, et une connaissance parfaite du règne végétal.

Tabac St Vincent.

Pour faire un bon tabac St-Vincent, en carottes ou en poudre, qui pourra servir au besoin à bonifier les autres qualités, il faut mélanger des feuilles Virginie haut goût, avec pareille quantité d'Amersfort, et les humecter avec le sirop que je vais indiquer pour un quintal.

Une livre de sirop mélasse.

Une livre de miel, une livre de jus de réglisse.

Une livre de raisin de corinthe.

Il faudra y jeter, après l'avoir fait bouillir une heure,

Une livre de vinaigre rouge.

Une demi-once vanille.

Une demi-once macis.

On ne fera que faire frissonner une demi-heure ces drogues.

Lorsque le sirop sera passé, il faudra y mettre :

Une livre de sel ammoniac.

Une livre de sel de tartre.

Ce tabac, qui sera gras, n'exigera pas beaucoup d'eau : il n'y entrera guère que 25 livres par cent. Il ne faudra pas beaucoup de sel pour l'apprêter; mais seulement 3 livres, avec une livre de sel de nitre. On pourra répandre, si on le juge à propos, un demi-gros d huile de rose.

On peut faire des carottes, façon Saint-Vincent, en mettant dans le mélange, du tabac indigène; mais il faudra augmenter à proportion la mélasse, le vinaigre, la vanille, l'eau et le sel.

Il n'est pas inutile de vous observer que plus votre tabac sera vieux, plus la sueur sera lente à se déclarer et à se déveloper: alors il faudra un peu augmenter la dose de sel ammoniac.

Fabrication du Tabac de Hollande.

Dans le bon Scholten en carottes ou en poudre, il ne doit y avoir que du tabac de Hollande.

On peut mettre dans la seconde qualité, un quart de Flandre, et moitié dans la troisième.

Quel que soit le mélange, il faudra toujours composer son sirop avec deux livres de tamarin de Hollande, deux livres de mélasse par quintal, et le faire bouillir, pendant une heure, dans une chaudière de la contenance d'un seau.

On doit y jeter ensuite, pour faire bouillir légèrement pendant une heure, une demi-once safran et autant de macis, avec pareille quantié de macaleb; et, après l'avoir passé, une livre de sel ammoniac, et pareille quantité de sel de tartre.

Lorsque ce tabac aura été humecté, comme je l'ai indiqué pour les autres, et mis en caisse, il ne tardera pas à suer. Il faudra le transvaser après dix jours d'une fermentation abondante, en mettant le dessus dessous, pour le faire suer également. La sueur recommencera ; et après huit jours, si l'on s'apperçoit qu'elle n'est pas universelle, il faudra le transvaser encore, et le laisser ensuite dans la caisse jusqu'à ce que la sueur s'arrète.

On doit alors le retirer de la caisse, et l'étendre sur un plancher aéré pendant huit jours, comme tous les autres tabacs, avant de le faire apprêter. Cet apprêt consistera, pour la première qualité, en quatre livres de sel ordinaire, et une livre de nitre ; et pour la seconde et la troisième, il faudra y ajouter du sel en proportion de sa médiocrité.

On le mettra ensuite dans une caisse en l'y foulant avec un fouloir, et on le façonnera en attendant le moment d'être vendu.

A fur-et-à-mesure de la vente de ces tabacs, on peut leur donner ou une sève plus forte, ou l'odeur qui plaît dans le pays pour lequel il est destiné.

Tabacs à la violette & à la civette.

Le tabac à la violette se fait en répandant sur le tabac une demi-livre, par quintal, d'iris de Florence, avec quelques gouttes d'essence de violette; après quoi on le tamise.

Le tabac à la civette se fait de même, en répandant avec ménagement de cette odeur sur le tabac.

Tabac d'Espagne.

On entend par tabac d'Espagne, celui fait ou avec des feuilles de Séville, ou du Brésil ou de la Havane : tous les tabacs sont moulus très-fin, ils ont la couleur jaune, ou jaunâtre ou verdâtre.

Le tabac de Séville est très-jaune, lorsqu'il est réduit en poussière, avec un sirop composé, par quintal de :

Une livre de mélasse,
Une livre jus de réglisse,

Dans lequel on jete une livre de sel ammoniac, et autant de sel de tartre, pour le faire fermenter.

On le transvase comme les autres, d'après le degré de fermentation; et lorsqu'il est fait, on le prépare avec trois livres de sel ordinaire, une livre de sel de nitre, et on lui donne l'odeur forte et agréable, qui le distingue.

Tabac du Brésil et de la Havane.

Ces deux tabacs doivent, après avoir été réduits en poussière, être humectés avec un sirop composé, par quintal, de

Une livre de mélasse,

Une livre raisin de Corinthe.

Lorsqu'il a bouilli pendant une heure, on jete dedans, après l'avoir passé,

Une livre sucre candi,

Une livre alkali volatil.

On l'humecte quand la sauce est réfroidie, et on le fait fermenter comme les autres.

Lorsque la fermentation est finie, on le prépare avec deux livres de sel de nitre.

On contrefait ces tabacs en les mélangeant avec du tabac de Hollande et de Warvik; alors, il faut leur donner un goût qui revienne aux tabacs que l'on contrefait, et les préparer en augmentant la dose de nitre, en proportion du tabac mélangé.

Tabacs indigènes.

Les tabacs indigènes en France, sont ceux de Flandre et de la rive gauche du Rhin, connus sous le nom de tabac d'Alsace. Il y a cependant bien de la différence, celui du Palatinat du Rhin, étant bien préférable à celui d'Alsace.

Les uns et les autres sont des mauvais tabacs, sans consistance, et qui demandent beaucoup de précaution pour être employés dans la composition du bon tabac de France, et pour être conservés.

Dans le tabac d'Alsace, on distingue le fermenté et le non fermenté : celui-ci est préférable, attendu qu'il n'y a que le médiocre qui est fermenté, pour pouvoir être conservé. Pour bien faire, il faudrait que les tabacs eussent toujours au moins deux ans, avant de s'en servir, les moudre, et les laisser reposer jusqu'à ce qu'ils commencent à fermenter naturellement.

Dans ces deux qualités, c'est-à-dire, parmi le fermenté et non fermenté, il y a encore une grande distinction à faire : le haut goût est préférable à l'autre qui a un goût de tan, capable de gâter tous les tabacs avec lesquels on le mélangerait.

Telles sont les précautions principales du fabricant qui veut en employer pour faire des mélanges qui puissent le mettre en état de donner du tabac à bon compte. Il est prudent de les faire moudre séparément, et de les préparer seuls.

Comme ils sont maigres et de peu de consistance, il faudra y mettre par quintal,

Deux livres mélasse,
Deux livres tamarin,
Une demi-livre Macaleb,

Y jeter, après que le sirop aura bouilli et qu'on l'aura passé,

Une livre de sel ammoniac,
Une livre de potasse fine calcinée.

On doit l'humecter comme l'autre, et le faire fermenter, en prenant bien des précautions, et en le transvasant tous les huit jours jusqu'à ce que la fermentation est finie.

Il faut le préparer avec six livres de sel ordinaire, et avec des odeurs qui puissent écarter son goût désagréable, en lui donnant même celle convenable pour le marier avec d'autres tabacs de meilleure qualité.

Le tabac de Flandre se marie plus facilement avec le Virginie; il a d'ailleurs plus de consistance que celui d'Alsace, et un goût moins désagréable. On peut le préparer avec l'autre, et même cela sera préférable, attendu que les goûts se mêleront mieux ; mais si l'on veut en faire à part pour s'en servir au besoin, il faudra prendre les mêmes soins que pour le tabac d'Alsace. On sent que le sirop doit être fait différemment, ainsi que la préparation ; mais il faudra toujours mettre dans l'apprêt quatre livres de sel ordinaire, et deux livres de sel de nitre.

On pourra en mélanger avec des côtes de Virginie, ou de Hollande, pour en faire du tabac jaune du Havre, qui est bon, et qui se vend très-bien ; mais dans ce cas, il faut que les côtes soient réduites en poussière comme le tabac d'Espagne, afin que l'on n'y apperçoive point de pailles.

Il faudrait, pour y parvenir, avoir une mécanique comme celle que j'ai inventée, et à l'aide de laquelle, avec deux hommes, on peut moudre cinq quintaux par jour.

Il faudra faire alors, pour l'humecter, un sirop qui lui convienne, et lui donner l'odeur agréable du tabac du Havre, recette que je ne dois pas indiquer ici pour ménager mes intérêts : au surplus ce ne serait plus un secret, et l'acquéreur de cet ouvrage devra être satisfait que je lui aye donné des connaissances précieuses sans aucun intérêt. Il voudra bien en conséquence ne pas trouver mauvais que je ne lui donne pas d'autres moyens d'employer les côtes, et d'en faire du tabac noir passable.

Je vais donner encore la recette du Maroco, afin d'engager les acquéreurs à me faire connaître les contrefactions de l'ouvrage, si des gens avides se le permettaient, c'est-à-dire à me prévenir de ceux qui vendraient des exemplaires non signés de moi.

Tous les tabacs indigènes et de côtes demandent beaucoup de soins, et ce n'est qu'à force de les mélanger, de les tamiser, qu'on peut parvenir à les façonner et à leur donner enfin un certain degré de bonté qui en fait tirer un parti avantageux, lorsque j'y étais parvenue : ces tabacs se seraient conservés des années entières en se bonifiant même. J'avais soin de les faire fouler très fort dans les caisses ; cette précaution les empêchait de s'échauffer; et je les fesais tamiser avant de les laisser mettre dans les futailles à expédier.

Une chose à laquelle le Fabricant doit faire aussi beaucoup d'attention, c'est à ses futailles, à ses caisses et au local de ses tabacs.

Il n'y a pas d'objet plus susceptible de contracter un goût que le tabac : il faut donc l'éloigner de tout ce qui pourrait lui en donner un désagréable, ne jamais le mettre dans des caisses ou des futailles neuves, sans leur avoir fait perdre le goût de bois, et ne pas l'expédier dans des barriques de sapin : on doit le loger dans un lieu sec, à l'abri du soleil, sans être humide.

Il faut de préférence le placer dans une seule caisse en chêne, plutôt que dans plusieurs futailles.

On doit avoir une caisse de tabac première qualité, et une caisse de médiocre. On fait alors tous les mélanges à fur-et-à-mesure de ses expéditions : cependant, il est bon d'en avoir plusieurs sortes pour échantillons et la débite journalière.

Maroco.

Le Maroco, qui a vogue sur la rive gauche du Rhin, dans l'Allemagne et dans la Suisse, est aussi fin que celui d'Espagne, et assez bon.

Il y en a deux sortes : le jaunâtre et le noirâtre; ce dernier est le meilleur.

Le bon Maroco noirâtre est composé de

Moitié Hollande;

Moitié tabacs Palatinat.

Le jaunâtre est fait avec

Moitié tabac Palatinat;
Moitié côtes de Virginie.

Le Maroco noirâtre qui se met toujours en boîtes de plomb, doit être humecté avec un sirop composé ainsi qu'il suit, par quintal;

Deux livres mélasse,
Deux livres tamarin,
Une livre jus de réglisse,
Une livre raisin de corinthe.

On le fait bouillir pendant une heure.

On doit le retirer, et le passer de suite; et tandis qu'il est encore bouillant, on y jete deux prises de safran et une livre de vinaigre rouge, autant de sel ammoniac et de tartre.

On fait ensuite fermenter le tabac d'après les mêmes procedés que j'ai indiqués; et lorsque cette fermentation est finie, on le retire de la caisse pour le laisser reposer pendant huit jours, et lui faire perdre son goût d'échauffé; après quoi on le prépare avec cinq livres de sel ordinaire et deux livres de nitre.

Quelques-uns joignent au tamarin, pour composer leur sirop, une pareille quantité de *Cassia fistula Alexandrina*, c'est-à-dire de casse orientale. Son écorce est mince, noire: la moelle en est douce et agréable au goût, grasse, d'un noir vif. Elle contient beaucoup de flegme, de sel essentiel et d'huile: elle vient en France par Marseille.

Je ne l'ai pas indiqué, parce qu'il est difficile de s'en procurer de la bonne et de la véritable. Les marchands, pour la conserver, ont coutume de la placer dans leurs caves, ou quelqu'autre endroit humide, où ils la couvrent de sable, et y jetent de l'eau, afin que les gousses paraissent plus pleines et plus nouvelles; mais elle s'y aigrit bientôt et s'y moisit.

Ce n'est pas encore là le plus grand inconvénient, parce qu'on pourrait choisir les gousses qui sont pesantes, pleines, qui ne résonnent pas au-dedans, et dont les graines ne font point de bruit, lorsqu'on les secoue; mais on vend souvent de la casse occidentale ou d'Amérique, pour la casse du levant: cependant il est facile de la distinguer.

La casse occidentale a l'écorce épaisse, plus rude, ridée, et la moelle en est âcre, et désagréable au goût.

CONSERVATION
DES TABACS.

La meilleure manière de conserver le tabac, est de le placer, non dans un endroit humide, mais dans un lieu où le soleil ne pénètre pas, et s'il est possible, dans un sellier nitreux; il s'y bonifie.

Lorsque, pendant l'été, on s'apperçoit que le tabac veut s'échauffer, ce qui n'arrivera que très-rarement, en suivant les procédés que je viens d'indiquer, il faut l'étendre sur une table; et, après avoir écrasé une livre de sel de nitre, en saupoudrer un quintal de tabac: on doit y répandre aussi, pour réveiller la séve, quelques gouttes d'alkali volatil, le faire bien écrâser et tamiser.

Si le tabac n'a perdu que la sève, il suffira d'y mettre du sel ammoniac et de l'essence, suivant le goût qu'on voudra lui donner.

Lorsque le tabac s'échauffe beaucoup, c'est une preuve qu'il contient un grand mélange d'indigène, et qu'il a été fabriqué sans théorie, et par suite d'une mauvaise méthode: alors, pour en tirer parti, il faut le refaire; mais encore faudrait-il pouvoir en connaître la composition; chose qui ne serait facile qu'à un fabricant, ayant des principes de chimie.

Lorsque, par suite de la négligence du fabricant, son tabac a contracté un goût de moisi, il faut l'étendre à l'air, et en ôter les parties les plus gâtées. Lorsque cette besogne est faite, il faut tamiser le tabac, sans l'écraser, et jeter les parties corrompues qui resteront dans le tamis : il faut alors faire passer le mauvais goût au tabac tamisé, et l'humecter avec un sirop qui lui convienne pour le faire fermenter, et l'apprêter, après la sueur finie. J'ai refait ainsi du tabac que des marchands peu soigneux avaient laissé gâter, l'ayant placé dans des endroits humides; je l'ai vendu aussi bien que l'autre, et l'on ne m'en a jamais témoigné de mécontentement.

Il n'est pas inutile d'observer encore une fois, que la chose à laquelle on doit être le plus attentif, est la fermentation : peu de gens s'y connaissent bien; c'est d'elle cependant que dépend la bonté, et la conservation du tabac qui doit être assez fermenté, mais pas trop. Je ne puis donner de règles précises à ce sujet; il faut de l'expérience, et non seulement de la théorie.

Je viens d'apprendre la manière de fabriquer le tabac ; mais cette connaisance ne suffit pas pour faire fortune dans ce commerce; il faut encore savoir le faire. Celui qui désire l'entreprendre, actuellement qu'il y a des fabriques établies sur tous les points de la France, devra non-seulement débuter par un tabac de qualité supérieure, mais il sera forcé de donner des conditions plus douces que les autres, jusqu'à ce que son tabac aura été apprécié, et qu'il verra que l'on y a pris goût : alors ce sera le cas seulement de ne pas le passer au dessous ou à des conditions plus favorables que les autres. Il sera forcé, dans le principe, à établir des entrepôts dans les endroits principaux où il jugera pouvoir vendre ; mais il ne devra pas les multiplier. Il doit toujours avoir soin de limiter ses termes de paiement, et d'éviter qu'on ne laisse la marchandise à sa disposition, ou qu'on la lui renvoie ; ce sont des inconvénients qui ruinent et qui discréditent. Pour les éviter, il fera bien de faire expédier d'abord à celui avec lequel il traitera pour la première fois, un seul tonneau pour échantillon : en prenant cette précaution, il ne craindra pas d'expédier sur la seconde demande de ce nouveau marchand qui ne

serait

serait plus en droit de refuser l'envoi. Pour qu'un marchand puisse refuser un envoi, il faut qu'avant d'y avoir touché, il prenne le soin de visiter, devant des témoins, la marchandise, et de faire nommer des experts sur-le-champ pour en faire constater la mauvaise qualité; sans cette précaution, il n'a pas droit de laisser à disposition du vendeur, ou de lui renvoyer une marchandise demandée, et qu'il peut changer, s'il est de mauvaise foi.

Il est nécessaire de connaître les personnes avec lesquelles on est sur le point d'entamer des affaires, et d'avoir des renseignemens précis sur leur fortune, leur probité, et leur caractère: il ne faut donc pas que le desir de vendre, fasse passer sur ces considérations, puisqu'il vous exposerait à tout perdre: en effet, il faut mieux garder sa marchandise que de l'aventurer.

Je parle d'après l'expérience, et je sais qu'un marchand endetté avec une fabrique, ayant perdu son crédit, cherche toujours à entamer des affaires avec une autre; il paie bien le premier envoi pour gagner la confiance; il cherche ensuite à profiter de la bonne foi du vendeur et de son empressement à placer sa marchandise. Il faut surtout se méfier de celui qui fait une nouvelle demande sans avoir payé, ou du moins sans avoir assuré le paiement du précédent envoi. Si jamais je recommence le commerce, je ne vendrai jamais qu'au comptant dans les petits endroits où il n'y a pas de tribunal de commerce, ou du moins qu'à de bons marchands qui me donneront toujours des remises certaines.

Ce que je viens de dire, c'est pour empêcher l'honnête homme qui entreprendra ce commerce de s'y laisser tromper, ce ne sont pas des moyens d'y faire sa fortune: s'il a l'idée du commerce, il les trouvera; mais comme je puis un jour le faire moi-même, ou avoir un intérêt dans une maison, je dois me dispenser de les indiquer, d'autant plus que je m'éloignerais du but de cet ouvrage. C'est par la même raison que j'ai refusé constamment de livrer à plusieurs fabricants la recette de mon tabac d'étrennes; il serait inutile de m'en faire demande; je les préviens, d'ailleurs, que je ne recevrai aucune lettre sans être affranchie, et que ceux qui voudront avoir des renseignements et des recettes sur la fabrication des côtes, ne devront pas se servir d'intermédiaire; que je ne les donnerais qu'à ceux qui m'enverraient un certificat de l'inspecteur des droits réunis de leur département, constatant qu'ils sont Fabricants depuis telle époque.

En finissant ces observations, je recommanderai au fabricant de ne se servir que de commis de bonne conduite, probe et zélé pour le travail, ayant beaucoup de discrétion : celui chargé des voyages, doit non-seulement avoir ces qualités, mais il doit être ménagé et sobre; il doit connaître parfaitement le commerce, être actif, engageant, père de famille ou du moins marié, et attaché à sa maison par une part dans les bénéfices. Il doit surtout chercher à connaître les démarches des autres voyageurs, en les évitant, et se garder de ne jamais parler mal des autres Fabricants, ni de déprécier leurs marchandises.

Je recommanderai au marchand, au consommateur, de ne pas croire que ce sont les anciennes fabriques, celles renommées, qui font exclusivement la meilleure marchandise; car beaucoup de celles-ci profitent de leur réputation pour diminuer leurs qualités; plusieurs même les font sans théorie; cela est si vrai que leurs tabacs perdent souvent leurs qualités au bout d'un mois.

FABRICATION

DU TABAC A FUMER.

Il me reste maintenant à indiquer la manière de faire les différentes sortes de tabacs à fumer.

Ceux qui ont le plus de vogue, sont les Cigares, le Scaferlaty, le tabac en boudin, le Scaferlaty anglais, le Cavalier noir, le Kanaster, le Mariland, la Louisiane, le tabac de Turquie, les Trois-Rois et l'Etoile.

Les neuf premiers ont vogue dans toute la France, l'Italie, l'Espagne, la Suisse, l'Allemagne et la Russie; les deux derniers sont en usage sur la rive gauche du Rhin, dans les départements de la Sarre, de la Mozelle, des Vosges, de la Meurthe, de la haute Marne et de la Meuse : on peut en vendre aussi dans toute la France et même à Paris, parce que ce sont des tabacs communs et peu chers.

Plusieurs fabricants, pour faire le tabac à fumer, prennent les petites feuilles de Virginie ou de Hollande, les font écoter tout-à-fait, et les humectent d'eau, de sel et de mélasse : ils les font rouler, ainsi humectées, entre les mains, et hacher ou couper, suivant la sorte de tabac qu'ils desirent : ils font sécher le tabac à l'ombre, et le mettent dans des cornets à demi sec.

Plusieurs le passent sur une taque chaude pour le faire friser, et lui faire prendre de la couleur. Dans le principe je fesais suivre cette méthode; mais après divers essais, je les ai fabriqué d'après les procédés que je vais indiquer, et qui m'ont paru préférables.

Tabac Scaferlaty Anglais.

Le Fabricant qui veut faire du Scaferlaty, doit avoir une mécanique pour couper les feuilles longues et très fines. Avant de couper il humectera les feuilles de Virginie, avec un sirop composé, pour un quintal, de deux livres vin rouge, une livre raisin de Corinthe, et pareille quantité de sucre candi et de tamarin.

On fait bouillir le tout dans douze livres d'eau, pendant une heure, et l'on y jete ensuite, pour faire frissonner une demi-heure, une once storax, et autant de macis.

On humecte avec une brosse que l'on trempe dans le sirop, le tabac étendu sur une table : on l'entasse ensuite dans une futaille d'où on le retire au bout de six jours. Après que le tabac a sué un peu, on le transvase pour le faire suer également partout; dans quinze jours cela doit être fini: alors on le fait couper comme je l'ai indiqué. Lorsqu'il est coupé, ou à fur-et-à-mesure qu'on le coupe, on l'étend de nouveau sur une table, et on l'asperse avec une livre de sel de nitre fondu dans l'eau.

Le tabac ainsi préparé doit être mis dans une chaudière un peu chaude pour le faire friser, en le remuant avec soin, dans la crainte qu'il ne se brûle. On le retire à demi sec; et on le met dans des futailles, ou en boîtes de plomb.

On peut faire anssi du tabac à fumer, façon anglaise, avec un mélange de trois quarts feuilles de Flandre, et un quart de Virginie, en suivant les procédés que je viens d'indiquer.

Cigares.

Le cigare est un tabac à fumer particulier à l'île de Cuba: on le contrefait en France depuis quelques années.

On peut faire des cigares avec toutes

sortes de feuilles jaunes de Bischwiller, petites feuilles de Virginie ou de Hollande, en les humectant comme le Scaferlaty. On les fait suer de même ; et lorsque la sueur est finie, et que le tabac a été étendu pendant huit jours à l'ombre, on entortille autour d'un fètu de paille, long d'un quart moins que le cigare, la moindre feuille ; et on la revêt d'une plus belle.

Tabacs en Boudins.

Les Fileurs peuvent employer pour leurs boudins, toutes sortes de feuilles préparées comme ci-dessus, en faisant toujours attention que les tabacs indigènes doivent être plus saupoudrés de nitre que les autres, étant de nature à s'échauffer davantage.

Scaferlaty de Paris.

On employe pour le Scaferlaty de Paris, suivant la qualité que l'on désire, des feuilles de Virginie avec des feuilles de Hollande ; d s feuilles de Hollande avec des savonnettes de Flandre, et quelquefois des savonnettes seules.

On doit faire écoter les feuilles exactement,

et les imbiber ensuite avec le sirop suivant, que l'on fait bouillir pendant une heure dans douze livres deau. Pour un quintal,

Une livre de mélasse,
Une demi-once anis étoilé,
idem canelle rouge,
idem raisin de corinthe.

Si les savonnettes étaient seules dans la composition, il faudrait ajouter, dans le sirop, une livre de mélasse de plus, pour en adoucir l'acreté.

Après avoir bien humecté les feuilles, on doit les entasser dans une futaille pour leur faire prendre mieux le sirop, et les faire un peu suer; les transvaser au bout de huit jours, et les faire couper ensuite moins fines que pour le scaferlaty anglais.

Lorsqu'elles sont coupées, on les étend sur une table; on y répand une livre de sel de nitre fondu, par quintal, et une demi-once d'essence de sassafras. Il faudrait deux livres de sel, s'il n'y avait que des savonettes.

On les fait friser, et on leur fait prendre de la couleur en les mettant sur une taque chaude, en les y retournant jusqu'à ce qu'elles sont ressuyées à moitié, et l'on acheve de les faire ressuyer sur un plancher à l'ombre.

On les met dans une futaille, et en paquet

ou en boîtes de plomb à-fur-et-à-mesure des demandes.

Cavalier noir.

Pour faire une première qualité de Cavalier noir, il faut mélanger des savonettes de Flandre, avec une pareille quantité de feuilles jaunes de Bischwiller, non fermentées.

On les coupe avec une espèce de hache-paille, et on les arrose avec le sirop suivant : une livre mélasse et autant de miel, que l'on fait bouillir une heure : on doit y jeter ensuite une demi-once de safran, et autant de canelle blanche. Il faudra entasser les feuilles ainsi humectées, dans une futaille d'où on les retire au bout de quatre jours.

Avant qu'il ne soit pleinement ressuyé, on tamise sur le tabac, deux jours après, une livre rouge d'Angleterre, par quintal, et deux livres de sel de nitre fondu.

Je le passais ensuite sur le feu pour lui donner de la couleur.

Pour ma deuxieme qualité, j'employais des caboches de Virginie. Après les avoir fait écraser, je les mélangeais avec une égale quantité de feuilles jaunes de Bischwiller que je fesais couper ensemble, et je les préparais comme la première qualité.

Kanaster.

Le tabac de Hollande mélangé avec une égale quantité de Flandre, coupé de la largeur d'une ligne, long d'un pouce, et arrosé du sirop suivant, fera un Kanaster agréable.

Pour un quintal :

Une livre mélasse,
Une once anis étoilé,
idem canelle rouge.
Une demi-once gérofle.

Même travail que pour le précédent : on l'arrose avec deux livres de nitre fondu, et on le passe sur le feu pour le sécher.

Petit Kanaster.

Je mélangeais moitié caboches de Hollande, avec pareille quantité de savonettes de Flandre. Je les humectais avec le même sirop que pour le Kanaster ; je les fesais suer comme les précédents ; et, après avoir fait répandre dessus le sel de nitre avec une livre d'ochre de Rhue pour leur donner la couleur jaune, je les passais sur le feu pour les faire friser et jaunir

On préférait toujours mon petit kanaster à celui des autres manufactures; mais parmi mes tabacs à fumer, les plus estimés, avec raison, et que je vendais dans toute l'europe, étaient le Mariland, la Louisiane, et le tabac de Turquie. Je me procurais ce dernier par la voie de Marseille.

Je vais vous dire comment je préparais ces tabacs; et certes, je ne crois pas qu'on puisse mieux les faire, puisque, mis en boîtes de plomb, jamais aucun ne s'est gâté, à l'exception d'une partie que mes commis avaient placée dans une cave, dont l'humidité les a fait pourrir.

Mariland.

La feuille de tabac Mariland a peu d'âcreté; on lui fait passer avec facilité, en l'humectant avec le sirop dont je me servais, ce qui lui donnait une odeur exquise, pour un quintal:

Une livre de sucre candi;
Une livre de mélasse;
Une livre raisin de corinthe;
Une livre de sel;
Une once macis, et autant de cascarille.

Je le préparais de même que les autres.

Je vendais ce tabac, mis en boëtes de plomb, douze francs la livre. J'en avais des boëtes d'un quart; mais j'en tenais une qualité inférieure également bien estimée, dans laquelle il y avait moitié de savonnettes de Flandre.

La cascarille est une écorce roulée en petits tuyaux de la largeur d'un pouce, de la longueur de deux, trois à quatre pouces, d'une ou deux lignes d'épaisseur.

Elle est à l'extérieur d'une couleur cendrée, tirant sur le blanc, et à l'intérieur d'une couleur rouille de fer, d'une odeur aromatique lorsqu'on la brûle, et qui approche un peu de l'odeur de l'ambre.

On l'apporte de l'Amérique méridionale, et surtout du Paraguay.

Stiffler est le premier qui a fait mention de cette écorce. Il rapporte qu'elle lui avait été donnée par une personne de distinction anglaise, qui lui avait dit que c'était la coutume dans ce royaume, d'en mêler avec le tabac; mais qu'on devait en user modérément, parce qu'elle enivrait.

Tabac Louisiane.

Je fesais le tabac de la Louisiane avec des feuilles de cette colonie. Je le préparais de même que le mariland. Plusieurs le préféraient à cause de sa douceur. L'ambre que j'y mêlais avec le macis, lui donnait une odeur très-agréable.

Tabac de Turquie.

Je fesais aussi le tabac de Turquie comme le mariland, en y ajoutant du bois d'aloès, gros comme une noix par quintal, au lieu de macis et de cascarille. Je coupais ces trois sortes de tabacs, comme le scaferlaty de Paris.

Il n'est pas inutile d'observer qu'en fesant les sirops, il faut avoir soin de ne pas faire bouillir les essences dont l'odeur s'évaporerait; tandis qu'il faut faire bouillonner les bois et graines aromatiques ou balzamiques.

Tabac à l'Étoile.

C'est dans ces deux sortes de tabacs dont je vais vous parler, que j'employais sur tout les caboches de Hollande ou de Virginie, que je fesais écraser et hacher comme pour le cavalier noir.

Je mélangeais pour mon tabac à l'étoile, les feuilles de bischwiller avec pareille quantité de caboches de Virginie ou de Hollande, vendant plus cher celui où il n'y avait que des caboches de Virginie.

Je le préparais de même que le mariland, sans y mettre de macis.

L'étoile est très en usage sur la rive gauche du Rhin, dans le haut et bas Rhin, la Meurthe la Moselle et les Vosges; mais les fabricants de Strasbourg en ont bien moins vendu, ainsi que des trois rois, lorsqu'on a connu les miens.

Si les côtes ou caboches dont on se sert n'étaient pas humectées lorsqu'on les achète, elles seraient préférables; on peut les laver pour faire partir le sirop qui y aurait été mis, et bien les sécher ensuite; précaution inutile pour la poudre.

Trois-Rois.

Je composais la première qualité comme le tabac à l'étoile. Dans la seconde qualité que je mettais en paquets plats, je n'y mélangeais que des caboches de Hollande avec des feuilles bischwiller; et dans la troisième que je mettais en paquets ronds de six pour la livre, je ne mélangeais que des caboches de Flandre avec des feuilles jaunes de bischwiller.

Varinas.

Le Varinas est un tabac coupé comme le Kanaster, et composé de feuilles de Hollande et de Warvick; il a une couleur rougeâtre.

Après avoir écôté et coupé les feuilles, on doit les humecter avec le sirop suivant, par quintal :

Une livre mélasse;
Une livre sucre candi;
Une livre de sel;
Une once de safran.

On entasse les feuilles humectées dans une futaille pour les remettre, au bout de quatre jours, dans une autre où il faut les laisser autant de tems. On les étend ensuite sur une table; on les humecte avec de l'eau de nitre (une livre) et l'on tamise dessus du rouge d'Angleterre (une demi-livre par quintal.) On les passe sur le feu dans une taque de fer où il faut les retourner avec soin jusqu'à demi-sec; on les étend ensuite sur une table à l'ombre pour en faire sortir l'humidité totalement, avant de les mettre en paquets, sans quoi le tabac se moisirait, surtout s'il était mis au frais.

Lyon Rouge.

Le Lyon rouge se fait de même que le varinas; mais le sirop doit être composé, ainsi qu'il suit par quintal :

Une livre de miel;
Une livre sucre candi;
Une once canelle blanche;
Une once de sassafras;
Une livre de sel.

Il doit être apprêté de même que le précédent.

Il y a d'autres tabacs à fumer, mais pourquoi tant de sortes de tabacs ! je crois en avoir assez fait connaître d'espèces.

Je finirai ce traité par offrir mes services et des instructions à ceux qui se livreront à la culture du tabac; je les seconderai autant qu'il me sera possible.

FIN.

www.ingramcontent.com/pod-product-compliance
Ingram Content Group UK Ltd.
Pitfield, Milton Keynes, MK11 3LW, UK
UKHW021645260726
13994UKWH00003B/1289

9 782329 463056